果壳阅读·生活习惯简史 ②

用七十万年煮好饭

果壳 / 著　刘新乐 / 绘

天津出版传媒集团
新蕾出版社

果壳阅读是果壳传媒旗下的读书品牌，秉持“身处果壳，心怀宇宙”的志向，将人类理性知识的曼妙、幽默、多变、严谨、有容，以真实而优雅的姿态展现在读者眼前，引发公众的思维兴趣。

出品人 / 小庄　策划 / 史军　执行策划 / 朱新娜　资料 / 樊雨婷　撰稿 / 朱新娜

感谢对创作提供帮助的王仁湘、方拥

图书在版编目(CIP)数据

用七十万年煮好饭 / 果壳著 ; 刘新乐绘. -- 2版. -- 天津 : 新蕾出版社, 2015.10(2022.5 重印)
(果壳阅读·生活习惯简史 ; 2)
ISBN 978-7-5307-6306-3

Ⅰ.①用… Ⅱ.①果… ②刘… Ⅲ.①饮食-生活史-儿童读物 Ⅳ.①TS971-49

中国版本图书馆 CIP 数据核字(2015)第 238974 号

书　　名:用七十万年煮好饭　YONG QISHIWAN NIAN ZHU HAO FAN
出版发行:天津出版传媒集团
新蕾出版社
http://www.newbuds.com.cn
地　　址:天津市和平区西康路 35 号(300051)
出 版 人:马玉秀
责任编辑:焦娅楠　　文字编辑:胡宇尘
责任印制:沈连群　　美术设计:罗岚
电　　话:总编办 (022)23332422　发行部(022)23332676　23332677
传　　真: (022)23332422
经　　销:全国新华书店
印　　刷:天津新华印务有限公司
开　　本:787mm×1092mm　1/12
字　　数:31 千字
印　　张:$2\frac{2}{3}$
版　　次:2015 年 10 月第 2 版　2022 年 5 月第 10 次印刷
定　　价:26.00 元

同世界一起成长

——写给“果壳阅读·生活习惯简史”的小读者们

亲爱的小读者，让我们来想一想，当爸爸妈妈把我们带到这个世界上的时候，我们做的第一件事是什么呢？对，是啼哭。正是这声啼哭向世界宣布：瞧呀，我来了，一个小不点儿要在地球上开始奇异旅程啦！

这世界真大，与地球相比，我们的卧室不过是沧海一粟；这世界真美，美轮美奂的人类建筑让不同的大陆有了别样风情；这世界真好玩儿，高铁、飞机、宇宙飞船能带我们去探索奇妙的未知。可是世界一开始就是这样的吗？当然不是。它从遥远的过去走来，经历了曲折，经历了彷徨，一步一步走到了今天。

作为一名考古学家，我对过去的事物有一种特别浓厚的兴趣。我和我的同行，常常在古代废墟中查寻，总想找回一些历史的记忆。最能让我们动情的，就是那些衣食住行，那些改变人类生活的故事。古人何时开始烹调，怎样学会纺织，又如何修建房屋，考古工作者正在将这些谜题一个一个解开！

因此，当我第一次看到这套讲述“人类生活习惯变迁”的绘本时，立即就被吸引了。创作者用精准的文字和图画，让我们在不经意间穿越了历史长河，点滴知识轻松而又深刻，不落窠臼，引人思考。比如，你知道人类是在何时学会制造车轮的吗？要知道车轮可是一位5000多岁的“老寿星”呢！人们在一次劳动中发现了旋转的魔力，于是，有人便利用它发明了车轮，从此人们的旅行不再只是依赖双脚。直到今天，这项古老的发明仍然扎根在我们生活的每个角落，我们使用的大多数交通工具都离不开轮子，离不开旋转的力量。可以说，当今生活的点点滴滴，都是建立在前人漫漫的积累之上，时间更是跨越了几十万年，甚至上百万年！

“果壳阅读·生活习惯简史”的创作前前后后用了三年时间，创作者查阅了大量资料，反复推敲、设计画面的每个细节，于是，才有了这样一套总体上宏大，细节上精到，有故事有知识，可以一读再读的绘本。当你翻开这套绘本，你会看到因为没有火，人们只能吃生肉的场景；会看到因为蒙昧而不洗澡、不换衣的画面；也会看到医生戴着鸟嘴面具，走街串巷的奇特一幕。看到这些你是否觉得奇怪？这些与当下生活的反差会给你带来怎样的感受？让一切自然而然地发生，在不经意间改变，大概就是“行不言之教”吧。

人类不断充实科学的头脑，不断丰富知识的宝库。从古到今，从早到晚，从天上到地下，让我们跟着这套绘本学习生活习惯，学习为这个世界增光添彩的本领。我们认知世界，也在认知自己、完善自己，我们同世界一起成长。

王仁湘（中国社会科学院考古研究所研究员）

2014年5月11日母亲节

4

70 万年前

远古时代，人类以生肉为食。

6

10 多万年前

过了很多年，人类学会了
用火，不再吃生肉了。

8

大约 1 万年前

人们熟练地使用石烹法煮饭。

10

8000 多年前

人类学会了制陶，锅碗瓢盆陆续出现。

13

2600 多年前

餐桌礼仪有着悠久的历史，早在周代就出现了。

14

1600 多年前

小麦被磨成粉，制成各种饼。

16

1300 多年前

蔗糖很甜，人类掌握了先进的榨糖技术。

70 万年前

“嗖……”一块石头不偏不倚地打在了鹿的后腿上，鹿挣扎几下便倒下了。连续追赶多日，终于到了享用大餐的时刻：领头的猎人用石刀熟练地切开鹿肉，分给部族里的每个成员。不过，在享用美味的同时，猎人们还要时刻警惕贪婪的鬣狗和饥饿的飞鸟。几个小时后，人群散去，虎视眈眈的鬣狗瞅准时机蹿上前去舔食碎骨。最后的丁点儿残渣也被飞鸟啄得一干二净。

从猿到人的进化，经历了漫长的岁月。一开始，人类不会用火，不会制作熟食。果实、块茎、昆虫等等都是人类的食物来源。
追赶野兽
鬣狗
寻找食盐
跟随动物的脚步，人们能够找到卤水泉，就可以获得人体需要的盐。

10多万年前

几天前，一场森林大火不期而至。猎人们冒着生命危险取来火种，将其带入栖身的洞穴中。人们慢慢发现，熊熊燃烧的火焰不仅可以阻止来犯之敌，还可以将生肉烤熟。烘烤之后的食物容易咀嚼，异常美味。渐渐地，人们就不再吃生肉了。

旧石器时代中晚期，人类发明了一些专用的狩猎武器，投枪（矛）、石球、渔叉和弓箭开始出现在狩猎者的手中。

10多万年前，人类发现通过摩擦可以取火。

大约
1 万年前

人类不再满足于简单地重复祖辈的技能，他们开始修建房屋，驯养猪和狗，种植作物……火堆旁，一种古老的烹饪方法仍被沿用：在小土坑内铺上树叶并倒满清水，然后丢入烧红的石头。

水因为吸收了石头的热量很快沸腾。此时，人们将鱼放入水中烹煮，
很快，香喷喷的鱼就做好啦！哈哈，这可是最早的“水煮鱼”哟！
放火开荒
● 耕种
农业生产提供了
相对稳定的食物
来源，人类
可以定居下来了。
● 驯养动物
能够提供稳定的肉食
来源或生产助手。
● 窖穴
在地面上挖的坑，可用于储藏粮食。
捕鱼
捕猎生活难以保证每一餐都能吃饱，为了
能够长久地生存下去，人类被迫学会了培育植物
和驯养动物，以保证有更稳定的食物来源。

8000 多年前

秋天到了，黍和粟都成熟了，广袤的田野上一片金黄，美不胜收。人类过上了稳定的生活，再不必因捕猎失败而忍饥挨饿。聪明的人类制作出了陶器，并学会用不同的方法烹制食物。一阵香气袭来，蒸饭做好了，人们用“骨匕”吃饭。奇怪的是，谷物取代熟肉成为主食后，部落里的一些人开始莫名其妙地牙疼，身体也不如以前强壮了。

● 陶器

人类发现火烧过的土坯会变得坚硬，试着用来盛水，滴水不漏，而且陶器不怕浸泡。从此人类就开始有意识地烧陶。

● 骨匕

由兽骨制成，是最原始的勺子。

谷物不适合生吃，又不能直接放在火中烧烤，所以发明一种烹饪工具非常重要。陶器就在这个时候出现啦。
洞穴
收获
陶窑
烧制陶器
制坯
壕沟
在聚落外围挖出一条深沟，可以防御野兽或者外族人入侵。
制陶

小鼎
樽
罍
簠
壶
簋

2600多年前

宫殿内，诸侯准备用极品美味——鼋（yuán）汤大宴宾客。只见他正襟危坐于东面，宾客则脱掉鞋子，尊卑有序、恭恭敬敬地跪坐在席子上。仆人将鼋汤从鼎里盛到一种叫“豆”的餐具里，放在每位宾客面前低矮的小食桌上。诸侯故意冷落其中的一位客人，并吩咐仆人不给他品尝鼋汤。客人怒火中烧，探身欲将手指伸到鼎中，蘸取鼋汤。诸侯见状大怒，决定借此时机除掉他。

楚人献鼋给郑灵公，郑灵公想请大夫们一起尝鼋汤。公子宋得知后，很想一饱口福。灵公邀请了他，却不给他吃。于是，公子宋将食指伸向鼋汤。这就是“染指”（分取不应该得到的利益，也指插手某件事情）的由来。

1600多年前

这时，小麦已经进入了寻常百姓家。有些富足的家庭甚至还将小麦磨成面粉后制成一种叫“饼”的食物。偶然间，人们发现了一个奇妙的现象：用酒酿和面，面团会膨胀变大，蒸出的饼松软香甜。这是因为酒酿中的酵母菌吞食着面团中的糖，而后产生二氧化碳，二氧化碳发散出去时会形成一个个小洞。可当时的人并不知道这其中的原理。

石磨
一种石质的磨粉工具。

磨制谷物

取水

● 酒糟饼

用酒酵发面法制成的面食，这种发酵法在北魏贾思勰（xié）所著的《齐民要术》中曾有记载。

1300 多年前

用碾或舂将甘蔗榨汁后熬煮或曝晒，便可得到在贵族中风靡一时的甜食——糖。这种熬糖方法的不足之处就是火候不易控制。使者奉皇帝之命从印度带回了一种新的熬糖方法：在糖浆冷却前投入石灰，滤去不能结晶的部分，糖浆凝结后就变成了砂粒状的红糖。这种方法大大提高了糖的纯度。可是，它的味道怎么样呢？

最初，人们吃到的蔗糖并不是“白砂糖”，而是“红糖”，这与在熬煮蔗汁的过程中发生的“焦糖化反应”和“美拉德反应”有关。其中，糖（还原糖）和氨基酸反应产生棕色物质叫“美拉德反应”，这和烤肉产生焦香物质是同一原理。

在中国古代，除了蜂蜜之外，人工的甜味叫作饴和糖。发芽的植物种子中的淀粉发酵转化成麦芽糖称为饴。从甘蔗、甜菜等作物中榨取的糖分则称为糖。

洞穴
运送甘蔗
碾压
榨取甘蔗汁液

不久之后

仆人将新制的糖呈给主人，主人品尝后觉得异常纯净美味，便决定晚宴时与宾客一起大饱口福。于是，珍贵的糖被放进菜肴里，菜肴变得更加鲜美；被调入水中，水变得更加甘甜。晚宴时分，宾客们围坐在一起，高大的桌子早已取代了低矮的食桌，高足座椅取代了席子。大家从相同的盘子中夹菜，餐桌礼仪已经和过去大不相同。

● 高足座椅

各民族融合令人们的起居方式从秦汉时期的席地而坐转向垂足而坐。房间变高了，桌椅也变高了。

● 瓷餐具

瓷器的历史可以追溯到商代，唐宋以后，瓷器成了最普遍的饮食器具。

600多年前

河流泛滥成灾，古老的村庄一片汪洋。村民不得不背井离乡，寻找生路。皇子十分同情灾民，开辟了一个植物园（试验田）种植野菜，并亲自观察记录。他还组织官员到各地考察，采集植物标本。最终，创作出具有极高学术价值的巨著《救荒本草》。

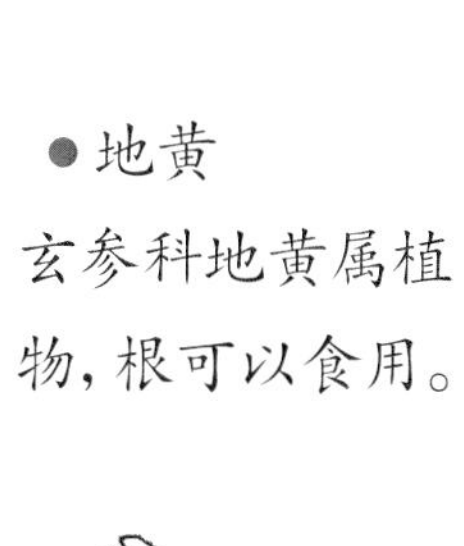

● 地黄

玄参科地黄属植物，根可以食用。

● 金银花

忍冬科植物，因其花初开时为白色，后逐渐变为黄色，所以有金银花之称。

● 马齿苋

马齿苋科植物，采嫩苗用开水烫过后可食用。

● 榆树

榆科植物，果实（翅果）可以和玉米面一起蒸食，制成榆钱饭。

● 车轮菜

车前科植物，采嫩苗用开水烫过后，用油盐调食。

● 荠菜

十字花科荠属植物，茎叶可做蔬菜食用。

● 辣椒

茄科辣椒属植物，是重要的蔬菜和调味品。

● 红薯

旋花科番薯属植物，块根可以食用，熟食口感绵软甘甜。

● 土豆

茄科茄属植物，原产自美洲山地，块茎可以食用。

300多年前

在陌生的城市里，人们看到了一些从未见过的食物：辣椒、红薯、土豆、苦瓜……其中的一些食物竟来自遥远的南美洲。船员不远万里将它们带回来，大大丰富了人们的餐桌。

● 苦瓜

葫芦科苦瓜属植物，每年5月～10月开花结果，未成熟的果实味道苦涩。

● 向日葵

菊科向日葵属植物，种子含油量很高，味香可口。

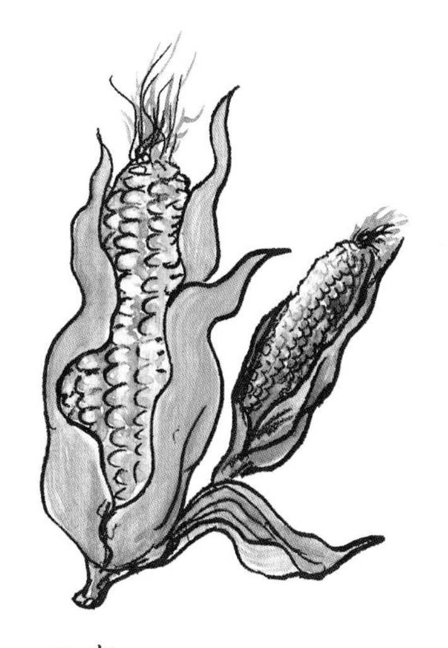

● 玉米

禾本科植物，通常在秋季开花结果，果实甜美。

● 花生

豆科落花生属植物，每年6月～8月开花结果，果实味道很好。

城市里出现了一家机械生产冰激凌的洋行，可当时的人们还不大接受这种美食。于是，聪明的老板想出一条妙计：邀请市民前来参观机械生产冰激凌的全过程，并请大家免费品尝。新鲜的鸡蛋和牛奶运抵工厂，经过消毒、搅拌、冷冻，冰激凌就做好啦！这种清凉香甜的美食很快流行开来。

据传，在元世祖忽必烈时期，皇宫中已经出现类似冰激凌的食物，当时称之为“冰酪”。

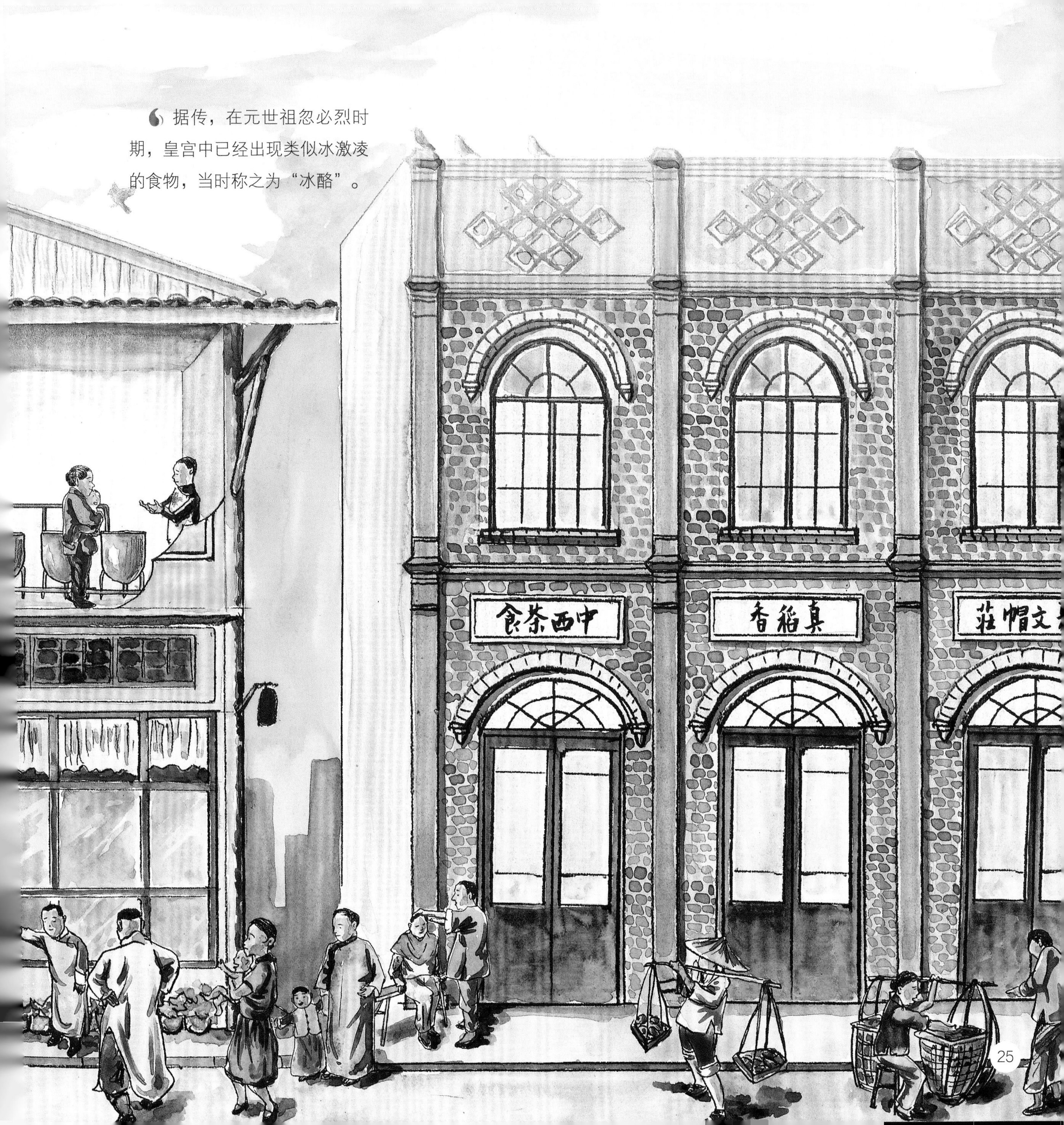

今天

在一家普通的餐厅内，机器人迎来送往。开放的厨房里，“灶台”上摆着的不再是锅碗瓢盆，而是烧杯、试管、注射器……没有煎炒烹炸，创造出与众不同视觉体验的分子美食已经风靡全球。

1980 年，法国化学家埃尔维·蒂斯在制作一种叫苏芙蕾的甜点时发现，放鸡蛋的数量和次序能改变甜点的口味，他便开始研究这其中的科学道理。几年后，他和另一位物理学家一起提出了分子美食的概念。

包装质检车间
质检员
人造肉工厂
参观工厂

未来

工厂正在生产牛肉，不过，这可不是普通的牛肉哟！这是用科学家从牛活体上提取分离出的干细胞培养长成的人造牛肉。

工厂可以根据消费者的不同需要，添加营养成分、控制食欲的成分等等，以增加其功能性。人类的祖先曾经风餐露宿，他们吃的每一餐都是靠辛苦打猎获得的。这听起来是不是很不可思议呢？

你还可以知道更多

甗（yǎn）： 由甑（zèng）和鬲（lì）两部分组成的陶器。甑类似蒸笼，用于蒸饭；鬲类似煮锅，可用于煮粥，两者合在一起构成了一个完整的“蒸锅”。

小鼎： 先秦礼器，盛肉汤用。

簠（fǔ）： 先秦礼器，盛放稻和粱。

罍（léi）： 先秦礼器，大型装酒器皿，相当于酒缸。

簋（guǐ）： 先秦礼器，盛饭用。

豆： 先秦礼器，是盛放腌菜、肉酱的器皿，也可做进食器，形如高脚盘子。

卣（yǒu）： 先秦礼器，传酒器皿。

俎（zǔ）： 先秦礼器，盛牛羊肉用。

鼋（yuán）： 鳖科鼋属动物，体形硕大，是中国古代的吉祥动物，象征着力气大。庙宇的石碑往往都由石雕的鼋驮着。

牛血清培养基： 供细胞生长繁殖所需的一组包括牛血清在内的营养物质与原料。

成肌细胞： 一种可以成长为肌肉组织的胚胎细胞。

人造肉： 从动物体内取出只能生长为肌肉细胞的干细胞，然后让其在体外培养液中逐渐生长成肌肉纤维。